理想之家

理想之家

[澳]汉娜·詹金斯 (Hannah Jenkins) / 编

阎伟萍 / 译

广西师范大学出版社　images
·桂林·　　Publishing

图书在版编目（CIP）数据

理想之家／（澳）汉娜·詹金斯（Hannah Jenkins）编；阎伟萍译.—桂林：广西师范大学出版社，2018.8
　　ISBN 978 – 7 – 5598 – 1059 – 5

Ⅰ．①理… Ⅱ．①汉… ②阎… Ⅲ．①住宅 – 室内装饰设计
Ⅳ．①TU241

中国版本图书馆 CIP 数据核字（2018）第 158610 号

出　品　人：刘广汉
责任编辑：肖　莉
助理编辑：季　慧
版式设计：吴　迪
广西师范大学出版社出版发行

（广西桂林市五里店路 9 号　　　邮政编码：541004）
（网址：http://www.bbtpress.com　　　　　　　　　　）
出版人：张艺兵
全国新华书店经销
销售热线：021 – 65200318　021 – 31260822 – 898
恒美印务（广州）有限公司印刷
（广州市南沙区环市大道南路 334 号　邮政编码：511458）
开本：889mm×1 194mm　　1/16
印张：15.75　　　　　　　字数：40 千字
2018 年 8 月第 1 版　　　2018 年 8 月第 1 次印刷
定价：258.00 元

目录

前言

马克·克里斯塔尔

建筑与设计作家马克·克里斯塔尔，出版过 30 多部专业图书。他是
《居所》杂志的前特约编辑，并担任过《纽约时报》《建筑文摘》《壁纸》
《大都会》和《艾丽装饰》等杂志的特约撰稿人。

通过图片来展示内容的图书一直是深受读者欢迎的，可以这样说，如果从美学的角度上来看，这本书能够令人愉悦，那么它已经完成了它的使命。但是《理想之家》一书却给自己带来了两个额外的挑战：一个与多元化有关——我们能够看到多少理想的家？从这方面来讲，本书接下来的页面一定不会让读者失望。书中精选了 40 个代表多个地区和风格的项目：波士顿和布鲁克林的排屋、西部的中世纪现代主义瑰宝、高层城市公寓和郊区家庭住宅、沙滩度假村、山间疗养地，以及从印第安纳州到得克萨斯州再到亚利桑那州的一系列乡村住宅。然而正是这种项目的广度和丰富性增加了第二个更加棘手的挑战：在 21 世纪 20 年代末揭示美式家居设计的特殊性。

我一直对建筑和家居设计有着浓厚的兴趣，同时又是美国人，在我看来，下面所展示的所有内容并非都指示平面图上一个独有的区域。灵活的平面图、

多功能的房间和优先考虑的休闲空间都反映了一种对轻松生活的偏好，这仍然是成熟的全球趋势。虽然许多住宅归属于传统类别，但几乎都颠覆了人们固有的期望——换个角度重新赋予传统活力；以及体现在装饰上的几乎没有界限的想象力。

尽管所有家居设计都表现出了一种地方感，但令人惊讶的是，其中很少会被描述为"地区性""地区"，是特定社会经济阶层的品味和偏见，全世界都是如此。

尽管如此，书中所展示的设计案例在经过建筑师和室内设计师的处理后基本上避免了这样的问题。他们以极富个性和魅力的美式风格打造出了令人愉悦、不受拘束的丰富设计。这一点在丰富的色彩和图案上可见一斑，他们无所畏惧地应用并展开，而且大胆地分层次展现——读者会从本书中体会到巨大的视觉震撼。在其他地方，设计师以工艺、细节，特

别是表面处理和材料的触觉——美国人长期热爱的传统——传达着室内设计的奢华和优雅，而没有过多的形式感或拘束感。

地区主义的普遍缺席并不意味着对场地的漠视，恰恰相反：美国人喜欢室内和室外生活，特别是在有交感气候的地方，这一点非常明显。事实上，有几个项目案例，尽管周围环境质朴，但其室内装饰却堪称豪华。如果你一直认为古董和软垫家具不能与风化的露台和小草丘共存，那么在本书中你一定会找到能够说服你的有力证据。

几个位于洛杉矶的重建项目展示了美国建筑师和室内设计师最擅长的事情之一：将历史住宅融入现代，同时又保留了最初吸引他们的东西。诸如此类的住宅已经变得有些"拜物教"了，就像那些与它们和谐搭配的家具一样，这也指向了美国家居装饰设计的一种变调：过分依赖于知名设计师的作品。因此，

Eames, Saarinen, Cherner 的名字和他们的作品在本书中都会不时出现。当然，书中展示的还有挑剔的收藏家对饰品、艺术品，以及家具中独特和意想不到的冲动——我认为这也有望成为一种流行的趋势。

这 40 个项目中，还有一些东西让我感到震惊，也是针对具体地点的：在书的每一页，我都能感受到房主的期望，他们渴望在某种程度上被感知。正如俗话所说的"人如其食"，那么从一个人选择的住所，就能够很清楚地了解他是个什么样的人了。这也许是阅读这本优雅、获得高度好评的书时的最大乐趣：发现——在理想之家中——一种文化的美形主义。

28街顶楼公寓

卡提·柯蒂斯设计工作室

这间切尔西顶楼公寓的室内设计以其开放性和充满冒险精神的特质，突显了公寓主人的个性。设计师完全拆除了公寓原来的内饰，赋予其充满活力的新特性。

在设计师的鼓励下，公寓主人尝试采用了大胆的色彩、图案和材料，并与结合了20世纪中期现代元素的怀旧古董相融合。为了营造温馨的家居氛围，设计师在厨房的装饰中采用了胡桃木，并搭配点缀着绿色、金色和棕色斑点的大理石，同时在家具和固定配件中使用了彩金花面。

为了能够更自由地使用各种色彩，墙壁被刻意保留为白色。客厅宽阔的天花板被威尼斯灰泥取代，为空间增添了极富质感的元素。充满表现力的室内楼梯从简单、略显呆板的亮白色恢复成原本的黑色钢片形式，在原始和精致元素之间形成了充满美感的对比，并成为家居环境中的焦点。

项目地点: 纽约, 切尔西 **项目面积:** 279平方米 **完成时间:** 2016 **摄影:** 艾瑞克·莱格尼尔

充满表现力的室内楼梯从简单、略显呆板的亮白色恢
复成原本的黑色钢片形式

阿迪朗达克别墅

菲尼设计公司

设计师以一种对当地工匠技艺的现代解读方式,为该项目的客户——一个来自华盛顿的家庭——完成了这座俯瞰皮斯科湖的阿迪朗达克别墅的设计工作。别墅的室内空间以滑动和相交平面的组合为主要特征,多个天花板平面和整齐的水平相交平面形成了一种动态的视觉网格。清爽的直线形式之间的相互作用产生了意想不到的邻接关系,使不同材料的特性成为新的亮点。

别墅的室内风格和超近距离的湖景为居住者营造了一种乘坐轮船在海上放松的氛围。别墅的选址与房屋地面较高的方向使居住者觉得在起居层和卧室层的时候有一种漂浮在水面上的感觉。

整栋别墅内部使用的装修材料都以一种装饰性的方式加入,有边缘如粗糙岩石般高低不平的混凝土工作台、铁铸扶手、有节疤纹理的粒状松木覆板、金属网橱柜门板,甚至还建有一座集成式壁炉,上面的通风管一直贯穿了三层楼体。这些质朴的材料结合在一起,为室内增添了非同寻常的古朴与谦逊之感。精心设计的搁架、橱柜和壁龛可用来存放木头、烹饪工具、老式转桌以及经典的黑胶唱片。这些室内装饰细节以开放式的布局方式为客户提供了既有趣又美观的如雕塑一般的存储空间。该项目虽然是新建成的,同时又遵循了现代设计原则,却实现了源于阿迪朗达克文化遗产的永恒之感。

项目地点: 纽约州, 阿丽埃塔 **项目面积:** 344平方米 **完成时间:** 2016 **摄影:** 伊丽莎白·佩蒂诺提·海恩斯

略显怪异的窗子在出人意料的位置开口, 却出奇地适合别墅的整体
风格, 继续为客户带来惊喜

艺术区阁楼

马摩尔·瑞德兹纳

艺术区阁楼项目是将位于洛杉矶市中心艺术区的玩具工厂仓库阁楼改造成一间公寓。该仓库阁楼建于1924年，面积186平方米。改造工程包括：拆除现有的隔断，将两间卧室合并为一套主卧室；安装一系列的橱柜以重新配置客厅和卧室空间；厨房、卫生间和化妆间的装修。

为了创造更适合娱乐的亲密生活空间，设计师的目标是在现有的开放式平面中创造出独特的区域。于是他们在室内主空间的东南角将一块20米X20米的区域抬高了近41厘米，以划定起居区域，并优化南部和东部的景观视野，由此设计的落地窗为居住者提供了改造前所没有的与街道景观的视觉连接。

设计师采用一套带三个可90度旋转搁架的定制书架，将客厅和相邻的主套房分开。当书架敞开的时候，自然光可以透过客厅的落地窗照进套房，而突出的壁架则可以作为座椅灵活使用，将主套房的休息区扩大了一倍。

卧室北侧环绕着原有的混凝土承重柱的空间被改造成书房和衣帽间。在原有的混凝土地板和外露混凝土结构的天花板背景下，这种充满现代感的室内设计引人入胜。设计师使用各种木材和金属饰面来从视觉上暖化和软化空间。室内的配色方案主要采用了暖灰与黑色，补充了灰色人字形图案的橡木地板和由该公司自己设计建造的黑色定制橱柜。最终设计师打造了一个舒适、简单又不失精致的家居环境，并且非常适合娱乐。

项目地点：加利福尼亚州, 洛杉矶　**项目面积：**186平方米　**完成时间：**2016　**摄影：**杰西·韦伯斯特

设计师使用各种木材和金属饰面
来从视觉上暖化和软化空间

后湾区别墅

达基诺·莫纳科设计有限公司

这座四层的联排别墅建于 19 世纪 70 年代，并于 20 世纪 60 年代初期首次被改建成公寓。为了容纳新的业主和他们三个年幼的孩子，设计师对这栋建筑进行了全新的配置，还特别增建了一层作为家庭房使用。该设计充分考虑了当代设计的敏感性，但同时也兼顾了波士顿联排别墅的丰富历史。走廊和楼梯不只是流通空间，它们各自拥有独特的性格和功能。楼梯上使用的定制金属装饰使得光线能够透过这部分空间，与室内一些定制金属家具相互协调。如同其他元素——如定制金属屏风、扶手和家具一样，地毯在整个空间中反复出现，吸引人们的眼球。色彩被用作一种能够吸引居住者在室内活动的手段。

家具的设计和选择主要集中在工艺、手工和手工饰面上；客厅和厨房有纹理的墙壁采用粗制摩洛哥釉面砖制成；在定制设计家中的扶手、屏风和特定家具时，设计师使用了焊接钢材；定制地毯和醒目的梯毯可以作为引导居住者入住家居环境的"绘画"；手工制作的物品，如庄园卧室（品牌名）的金属床头板和南非珠饰品"生命之花"吊灯，都为空间增添了质感和深度。

项目地点: 马萨诸塞州，波士顿　**项目面积:** 697平方米　**完成时间:** 2016　**摄影:** 迈克尔·J. 李

定制地毯和醒目的梯毯可以作为引导居住者
入住家居环境的"绘画"

沙滩别墅

蒂姆·利特尔顿 / 利特尔顿设计公司

海景是推动该项目设计的源动力。沙滩别墅的客户是纽约市的一个四口之家,他们在距离曼哈顿一个小时车程的美丽海滨地区购买了一栋20世纪80年代的房子。彼得·多纳建筑事务所将房屋的外部改造为传统风格的海滨别墅,西莉亚·德霍夫负责景观设计,室内设计师蒂姆·利特尔顿设计了内部空间,这些设计可最大限度地增加视野和自然采光。

在主楼层,客厅、餐厅和厨房全被设计成开放式,以便居住者在室内空间能够轻松自由地活动。设计师将一间卧室改造成带视听设备的休息室,向主起居空间开放。整个住宅内部的视线都集中向着一面能够突出水景的墙,此墙体由多扇玻璃门构成。居住者将这些门打开后,海浪的声音和海风便会进入室内。室内和室外空间之间的无缝过渡在整个住宅内形成。

不要让室内设计盖过户外的风景,这是该项目的主要设计目标。设计师受到周围景观的启发,在室内应用了蓝、灰和沙色等中性色调,除此之外,天然纹理与现代家具相融合。室内的照明并非在装修完成之后才做的设计,而是设计的一个组成部分。一盏吊灯挂在两层楼高的客厅里,由乔治·贝茨制作的多媒体艺术品与它对面的石头壁炉相互平衡。最终,客户得到了一个优雅而舒适的避风港。

三层住宅有五间卧室、七间浴室、一间放映室、一个酒窖、一间办公室和一个图书室。别墅通过一座暖房与车库相连,车库二楼成为孩子们的娱乐室。娱乐室的空间设计得非常有趣,采用了大胆的配色,还设有沙滩球灯和桌上足球等游戏设施。

这座家庭式的度假别墅全年为整个大家庭和朋友提供聚会场所,可让每个人在这里尽情享受海滨生活。

建筑设计:彼得·多纳建筑事务所 **景观设计:**西莉亚·德霍夫/赫奇斯景观事务所 **项目地点:**新泽西州,湾头
项目面积:734平方米 **完成时间:**2017 **摄影:**斯图尔特·泰森

设计师受到周围景观的启发, 在室内应用了蓝、灰和
沙色等中性色调

天然纹理与现代家具相融合

海滨度假别墅

文森特·沃尔夫

这座充满现代感的沙滩休闲场所专为回头客设计，体现了活泼与开放之感。每个空间都会自然而然地过渡到下一个空间，其设计的目的便是让朋友和家人能够舒适地居住，同时满足其休闲娱乐的需求。

室内地板采用了灰色橡木，白色的墙壁和柔软的窗帘让每个空间都变得轻松，并兼具活泼之感。住宅左侧是一个带定制弧形护脚的用餐区，内设带石头和木头桌饰的圆形餐桌。带玻璃扶手的中央楼梯使光线能够在整个楼下区域自由流淌，同时又能作为空间的分割线。第一个正式的休息区包括一个双奶油色调和淡蓝色调的沙发，在家中营造出一种人在沙滩般的感觉。整栋住宅中重复使用了许多布艺和其他元素。设置在住宅两侧的大型滑动玻璃门提供了室内与室外的无缝相连，使这两个空间的体验串联起来。现代家具和灯具搭配纹理木材，加以编织地毯和石材点缀，营造出海滨生活的动感氛围。

项目地点: 纽约州，水磨村 **项目面积:** 557平方米 **完成时间:** 2017 **摄影:** 文森特·沃尔夫

每个空间都会自然而然地过渡到下一个空间，其设计目的便是让朋友
和家人能够舒适地居住，同时满足其休闲娱乐的需求

沙滩美景别墅

布朗设计公司

经典的东海岸风格与悠闲的加州生活相互融合在这座达纳角的双层海滨别墅中。这座别墅位于斯特兰德大街，其建筑的设计灵感来自东海岸。这是一座充满现代感的科德角别墅，覆盖着灰色的木瓦片，采用了白色边缘装饰和窗格玻璃窗。布朗设计公司的设计师莱恩·布朗说："这栋别墅就像一套完美的学院制服。"

这栋设有五间卧室、五间半浴室的别墅拥有高度的自然采光和一览无余的海景。3米高的天花板高度增加了室内空气的流通性。室内主要采用白色镶板和深色地板。除少数房间外，室内的墙体都是白色的。落地沙发、簇绒皮椅、天然织物和航海风格的灯笼给家居环境带来轻松的海滩休闲之感。

较为突出的室内功能特色还包括一间媒体室，以及与其以一道玻璃墙存储系统相互隔开的酒窖。打开风琴式玻璃门后，大厅和厨房便会完全对庭院开放。

项目地点: 加利福尼亚州, 达纳角 **项目面积:** 618平方米 **完成时间:** 2015 **摄影:** 马特·威尔

落地沙发、簇绒皮椅、天然织物和航海风格的落地灯给家居
环境带来轻松的海滩休闲之感

伯威客住宅

格调设计工作室

经过一年半的房屋市场考察之后,住宅设计公司格调设计工作室的创始人兼合伙人沙浓·沃莱克终于找到了她梦想中的房子。设计只保留了原来的四个房间,其余部分都被完全翻修,并增加了近186平方米的楼上区域。为了与公司的设计理念保持一致,这部分空间包含了大胆而独特的元素,同时又显得平易近人。通过融入自然元素,以简约的方式与醒目的材料相结合。无论是室内还是室外,设计师都尽可能采用了开放空间的设计,让住宅成为居住者的避风港。这个设计为这栋住宅带来了新生。

在原来的房屋庭院中央有一棵日本榆树,这是吸引沃莱克的一部分原因。尽管榆树所处的位置会造成一些不便,但沙浓和她的丈夫还是决定围绕着它进行翻新。住宅的整体设计着重于将户外的景观引入室内:轻木镶板覆盖整个客厅;厨房的设计相当大胆,全黑的配色融合黑白大理石和黄铜色调的覆板,直接通往庭院中心。理想中阳光明媚的洛杉矶背景与公司固有的加利福尼亚生活方式设计美学极为一致。最终的设计结果是:温暖而高雅的折中主义家居氛围。

项目地点: 加利福尼亚州, 西好莱坞 **项目面积:** 297平方米 **完成时间:** 2016 **摄影:** 史蒂芬·布斯肯

最终的设计结果是: 温暖而高雅的
折中主义家居氛围

厨房的设计相当大胆，全黑的配色融合黑白大理石
和黄铜色调的覆板

布鲁克林II

珍妮·基施纳 / JDK室内设计公司

这栋布鲁克林联排别墅专为具有精致品位的客户而设计，它是一个如同珠宝盒般的空间，内部充满了奢华的布艺面料、优雅的壁纸和高档的饰面。

相比住宅的功能，客户也关心其形式上的设计。设计师需要避开审美快感对实用性和耐用性的限制，于是珍妮·基施纳重新构想了现有的空间，通过在整个空间中使用各种不同的设计元素，创造了复杂的分层设计。无论是20世纪中叶的现代风格，还是当代风格，又或是传统和艺术装饰风格——这是原来室内装修的点睛之处——这座住宅真正融合了一系列风格的特点。

楼梯原来的黑漆、有机玻璃扶手以及巨大的玻璃砖墙都在现在的家具空间的设计中起到了引导的作用。这些设计包括：附近的用餐区，内设达科塔·杰克逊的深度抛光乌木色桌椅；定制镀金山羊皮餐具柜；由科尔什纳设计的定制镜子——由互相连接的黄铜结构制成，其中填充了不同类型的复古玻璃。在楼上，卧室充满了无尽的蓝色色调，但每个又都保持着独特的色彩组合。住宅中的每个细节都得到了设计师的充分考量，即使衣帽间的天花板也以菲利普杰弗里斯麂皮覆盖，并配以缎子黄铜棒和有机玻璃以及黑色漆货架。

项目地点: 纽约，布鲁克林 **项目面积:** 390平方米 **完成时间:** 2015 **摄影:** 莱恩·多奇

它是一个如同珠宝盒般的空间, 内部充满了奢华的
布艺面料、优雅的壁纸和高档的饰面

运河住宅

兰奇·米内设计公司

运河屋是一栋新建的住宅，其形式受到了项目所在的亚利桑那州南部传统风格的启发。住宅的场地位于亚利桑那运河左岸的一块不规则形状的空地上。设计师将这座房子设计成一座灯塔的样式，其生锈的波纹状金属屋顶在阳光下闪闪发光。

该项目旨在最大限度地缓解建筑物受限的收进空间，利用房屋的几何形状在各种不同的环境中创造遮阴和私密空间。与南亚利桑那州的传统风格类似，设计从室内空间向庭院开放，庭院在一天中的不同时段为居住者提供额外的起居区。当然，这具体取决于阳光直射的方向。

在室内，一个生锈的钢制烟罩将人的视线吸引到大厅里的拱形榫槽铁杉天花板上。厨房采用了超耐用德科顿操作台、人字形图案的手工制作耐火瓷砖以及铜制的农家水槽，使其设计亮点尤为突出。铝片包覆的木门和外露的混凝土地板为室内增添了温暖感。主浴室配有带独立浴缸的开放式淋浴间，并配有手工制作的瓷砖和条纹橱柜，与大厅的拱形天花板相呼应。

这种对当地传统建筑的重新设计，使用了简单耐用的材料和独特的庭院聚焦平面布局，从而建造了一座能够欣赏凤凰运河景观的住宅，同时也非常适合沙漠环境。

项目地点: 亚利桑那州, 凤凰城 **项目面积:** 190平方米 **完成时间:** 2017 **摄影:** 勒纳 + 莱恩摄影工作室

科德角宅邸

玛丽娜·凯斯 / 红色百叶窗设计工作室

这座科德角宅邸的设计要求非常简单: 在一个标志性的海滨小镇中建造一间舒适的海滨别墅。该设计将成为客户的第一个从概念草图阶段开始参与的项目, 这意味着他们与设计师之间的对话更加密切而富有创意。客户首先确定了设计概念并广泛探索与之相关的各种创意, 然后通过与建筑师和施工团队的密切合作, 将这个概念精确地变为现实。

该项目是一个真正的定制家园, 室内和室外都包含了许多内置元素, 以保证整体设计的独特之感。主要的定制元素包括厨房的壁橱、厨房岛、壁板、粒状板墙、主楼梯栏杆, 以及图书室书架和凹室。该项目从形成概念到最终完成共耗时 14 个月, 其结果是一个具有永恒个性的田园诗般的海滨城市住宅。

建筑设计: 戈登·克拉克 / 北区联合设计公司 施工单位: 诺帝建筑有限公司 项目地点: 马萨诸塞州, 科德角
项目面积: 279平方米 完成时间: 2015 摄影: 丹·卡特罗纳

项目从形成概念到最终完成共耗时14个月，其结果是一个具
有永恒个性的田园诗般的海滨城市住宅

查巴克宅邸

格伦·吉斯勒设计事务所

这座 20 世纪 20 年代宽敞的殖民地复兴式住宅坐落在植物茂盛的纽约市郊区。该住宅融合了古典与现代元素，以满足年轻家庭的品位。丰富的木材色调、金黄色和紫色是客户青睐的颜色，并以各种方式巧妙地在房间内相互交织，它们在大件家具、帘幕、抱枕、管线和小件家具上都得以体现。

餐桌中央的装饰艺术风格饰品吸引着人们将目光投向明亮而宽敞的客厅。客厅尽头的传统座位布置通过黑色儿童钢琴和古色古香的法式沙发得以平衡。客厅中放有各种各样的轻便椅和凳子，可以根据需要轻松移动，为来访的客人提供了很大的灵活性。中央的小圆桌上放着书籍、装饰品和植物，在主人宴请宾客的时候也可以用作自助餐的餐桌。

在餐厅里，明亮而充满现代感的玻璃器皿和大胆的现代风格吊灯与大桌子旁古典的椅子形成了对比。一面超大的镜子悬挂在大型法式装饰艺术风格的橱柜上方，橱柜不仅可以提供存储空间，还可以作为放置杂物的桌面。从一间以前未使用过的充满阳光的日光浴室中可以欣赏到大花园的景色。设计师对日光浴室进行了彻底的改造，现在这里成了该住宅中最受欢迎的空间。宽敞的主卧室内增加了一些设计大胆的家具，包括一个 18 世纪风格的衣橱。柔和的配色和精致的纺织品与卧室内的大胆元素形成了对比。

项目地点: 纽约 项目面积: 697平方米 完成时间: 2015 摄影: 格罗斯 & 达利

柔和的配色和精致的纺织品与卧室内的
大胆元素形成了对比

肖托夸宅邸

星野和子 / 威廉·赫夫纳建筑事务所

该项目的客户提出了两个设计目标，一方面他希望拥有一个较为私密的避风港，另一方面又希望能够在家中招待朋友。同时，从这栋位于宝马山花园的住宅还能看到从威尔罗杰斯州立公园到洛杉矶市中心以及更远处的景色。

对此，设计师设计了一堵面向街道的由锌钢镘抹泥灰泥墙，既有静音效果，又显得壮观；住宅后方设计成全玻璃墙的形式，更方便居住者欣赏风景。

室内设计干净整洁，采用 20 世纪 50 年代和 60 年代的家具进行装饰，营造出一种建筑师称之为温馨现代的感觉和一种精致之感。

楼梯的设计精雕细琢，看起来像是一件大家具；入口处的垂直木百叶窗是按照理查德·诺伊特拉 VDL 住宅的木制百叶窗进行仿制的；厨房设计得开放而灵活，适合家庭用餐或为大型的宴请活动提供临时餐饮服务。

项目地点: 加利福尼亚州, 洛杉矶 **项目面积:** 557平方米 **完成时间:** 2012 **摄影:** 罗杰·戴维斯, 吉姆斯·雷·斯潘

楼梯的设计精雕细琢，看起来像是
一件大家具

海滨现代住宅

奥哈拉·戴维斯–加埃塔诺

这座占地 697 平方米的住宅位于南加州, 可以俯瞰太平洋。2013 年至 2015 年期间, 为了让房主和他们的两个小孩生活得更加舒适, 房屋经过了全面翻新。

这栋住宅可以说是加利福尼亚州生活方式的一个缩影, 融合了西班牙风格的美学。其室内设计轻松舒适, 非常适合年轻的家庭。

整栋住宅内干净明快的搭配方案形成了不同材质、家具和艺术作品之间的对比并营造了兴奋之感。住宅内使用了由奥哈拉·戴维斯 - 加埃塔诺设计的大量定制作品, 包括吊灯、鸡尾酒桌和餐椅等。一些空间内装点着几个委托作品, 进一步突出了贯穿住宅环境的色彩, 建立了情绪基调。

项目地点: 加利福尼亚州, 新港海岸 **项目面积:** 697平方米 **完成时间:** 2015 **摄影:** 理查德·帕沃斯

整栋住宅内干净明快的搭配方案形成了不同材质、家具和艺术作品之间的对比并营造了令人振奋之感

康涅狄格州殖民时期风格住宅

伊斯特里奇设计工作室

量身定制、经典、复杂、宜人。这些文字最能形容这座新建的殖民时期风格住宅，它的设计是对康涅狄格州的船长港沿岸19世纪住宅建筑致以崇高的敬意。

住宅前门通向一道装饰门厅，进入门厅后人们的注意力便会被住宅的后部所吸引，因为门厅的设计将户外景观引入室内，营造出轻松和开放的氛围。这个主题进一步反映在住宅内部装饰的配色中。在餐厅里，深紫红色为晚宴或聚餐提供了主要背景色。来自著名品牌吕贝利的抽象印花窗帘、大型定制餐桌、克里斯姆斯布艺座椅，以及定制的羊皮纸上菜小推车——可容纳各种服务用品，这些都营造了空间内的奢华感。

客厅落座区的后墙上挂满了客户丰富的铜版画收藏，成为起居空间的完美背景。布连登·伯恩斯的一幅大胆的抽象画，名为《脉搏》，占据了空间的中心位置。宽大的白色沙发提供了足够的座位，富有光泽的黑色钢琴为客人提供娱乐。

开放式厨房吸引着家人和客人一起参与餐饮或酒会的准备工作。经典的白色橱柜和大理石是该空间的基础背景，中央的厨房岛旁设有小酒馆风格的吧凳，是休闲午餐或下午茶的理想地点。

家庭间毗邻厨房，以深层组合沙发和俱乐部椅子装点。架子上放着主人收藏的书籍和家庭纪念品，还有一台电视机。韩国艺术家全光荣的混合媒体拼贴画为中性背景提供了亮丽的色彩。从厨房向家庭室自然而然的流动之感使家庭房成为对每个人都具有吸引力的空间。家庭房的流畅感一直延伸到弧形的门廊区域，进一步增强了住宅温馨宜人的氛围。

建筑设计: 亚力克斯·卡利·纳古 **项目地点:** 康涅狄格州, 格林威治 **项目面积:** 966平方米 **完成时间:** 2016
摄影: 帕米拉·兰多·康奈利

客厅落座区的后墙上挂满了客户丰富的铜版画收藏，
成为起居空间的完美背景

在餐厅里，深紫红色为晚宴或聚餐提供了主要背景色

菲克特住宅

丹·布鲁恩建筑事务所 & 亚历山大·戈林建筑事务所

这栋三居室的住宅最初由洛杉矶建筑师爱德华·费科特设计。费科特是美国建筑师协会会员,曾经负责在几十个战后时期的住宅和开发项目中推广加州现代主义设计理念。负责该项目改造工程的设计师丹·布鲁恩的目标是尊重费科特的设计,同时将新技术应用于新的设计,并在不扩大占地面积的情况下最大限度地提高家居空间的流动性。他通过将厨房、起居区和用餐区结合在一起来增强开放式设计,创造了一个充满阳光、没有障碍的休闲空间。

设计师将整栋住宅原有的隔断全部拆除,对内部空间重新组织,将其升级为适合现代生活方式的住宅。原来的厨房单独占据了一个房间,经过改造后,厨房向起居区开放,并配以定制橱柜、博世家电,灰色凯撒石台面和防溅墙。主卧和客卧都升级成带有独立浴室的套间,同时搭配了更大的壁橱。第三间卧室则被改造成家庭办公室。

和谐相融的材料、色泽与纹理的使用,使家居环境的中性特质变得更加富有生气。白色橡木地板和白色橱柜为展示丰富多彩的抽象艺术和20世纪中叶现代与复古家具的组合提供了背景。住宅内著名的现代作品包括起居室内摆放着的带木制背线的圆形椅子,这是丹麦设计师汉斯·威戈纳的作品,还有加利福尼亚现代主义设计师查尔斯和雷·易默思制作的玻璃钢餐椅。这两件作品都与原住宅20世纪中叶的建筑美学风格相协调。

项目地点: 加利福尼亚州, 好莱坞山 **项目面积:** 195平方米 **完成时间:** 2017 **摄影:** 布兰登·史格塔

和谐相融的材料、色泽与纹理的使用, 使家居环境的中性特质变得更加富有生气

格林威治村阁楼

冰山建筑事务所

这间格林威治村阁楼的翻新工程主要秉承了两个设计原则：一是重新布局现有的平面，使主要空间获得最大限度的采光，二是在内饰上采用丰富的天然材质。

为了使公寓内部获得最大限度的采光，设计师将原来的无窗厨房重新安置在外墙一侧，并向宽敞的起居区域开放。除此之外，设计师将原来的吊顶和拱腹拆除，恢复了天花板3米的高度，露出更多的公共空间、原有的混凝土结构，以及超大的阁楼窗户。为了进一步让光线射入包括主浴室、家庭办公室和客房在内的室内空间，设计师采用了一系列工业级尺寸的玻璃钢门窗，从功能和美学上都与这间阁楼所在建筑的工业历史相吻合。

在建筑师和客户之间的密切合作下，项目中使用的特色材料形成一种独特的搭配风格。设计团队聘请了熟练的工匠来完成这项工作。光滑的手抹灰墙与原来的有些剥裂感的粗糙结构和橡木地板形成鲜明的对比。在厨房里，磨光的白色大理石台面和大理石置物架以一堵粗糙的混凝土防溅墙为背景。在其他地方，超大尺寸的门也包裹在橡木中，与整洁的现代白色木制品在质感上有所不同。对于主浴室，设计师通过使用石板包覆的淋浴墙与芳香的柚木淋浴地板实现了水疗中心般的宁静之感。

室内设计：琼斯·罗恩设计工作室　**项目地点：**曼哈顿，格林威治村　**项目面积：**167平方米　**完成时间：**2015
摄影：冰山建筑事务所

光滑的手抹灰墙与原来的有些剥裂感的粗糙结构和橡木地板
形成鲜明的对比

因弗尼斯别墅

布朗设计公司

这座西班牙殖民时期的复兴式别墅位于卢斯费利兹山丘——也被称为"旧好莱坞",由亨利·黑登·怀特利于1929年建成。2004年曾经进行过大规模的翻新,保留了建筑完整性的同时使建筑结构符合规范。

该栋容纳七间卧室、九间浴室的别墅有许多独特之处:圆形大厅入口上方有彩色玻璃,天花板的整体处理,装饰铁艺,以及两个藏在书架后的禁酒令时期的吧台。书架后面是一条秘密通道,能够到达不同的房间。

布朗设计公司以赋予老建筑以新生而闻名,这种项目往往意味着对室内空间进行重新配置来适应现代生活的需求。由于原建筑的规模和比例都比较理想,因弗尼斯别墅不需要拆除任何墙体,因此该公司的创始人莱恩·布朗选择从住宅中独特的空间特征入手。

业主独特的当代艺术藏品乍看之下似乎与房子的个性不协调,但设计师通过将俏皮的艺术品与严肃的古董并置在一起,将室内设计边缘化,这样就相对融合了。

项目地点: 加利福尼亚州, 洛杉矶 **项目面积:** 762平方米 **完成时间:** 2015 **摄影:** 罗拉·赫尔

设计师通过将俏皮的艺术品与严肃的古董并置在一起, 将室内设计边缘化, 使不同风格的元素相对融合

拉昆塔度假别墅

威利茨联合设计事务所

该项目的设计受到客户在欧洲旅行和在西班牙生活的经历的影响,完全体现出了其包容的审美倾向。自称为"终身学习者"的客户希望能够看到兼容并蓄的室内设计风格,以充实他的个性和其稍显枯燥的生活方式。

起居室的结构围绕三个焦点:户外格雷格诺曼设计的高尔夫球场景观,古色古香的石头壁炉和吧台区域一侧。室内摆设了很多精选家具,如摩洛哥风格的定制餐桌,改装成灯具的来自设计师 JF Chen 的 19 世纪意大利橄榄罐,以及 A. 鲁丁设计的沙发。一张定制设计的压花皮顶锻铁咖啡桌随意摆放在 A. 鲁丁设计的沙发前,沙发以条纹面料装饰。

厨房的墙壁以凿切罗马石灰华作为壁板,并安装了双色定制橱柜。为了增添趣味性并创造出更加精致的外观,设计师选择了格雷格瑞斯·皮尼奥设计的不同风格的餐椅,将之摆放在一张椭圆形定制餐桌周围,并配以在法国购买的复古吊灯和色彩斑斓的长条地毯。

原来的餐厅被改造成了一间舒适的藏书室。深色亚麻布、人造假墙饰面,以及带卵锚饰细节的榫槽天花板为该空间增添了满满的亲切之感。

复古编织地毯被重新用作两个锻铁长椅的内饰,皮革扶手椅上放着舒适的抱枕。击剑用的重剑和头盔都是客户的一部分藏品——与藏书室温暖而阳刚的色调很好地吻合。

在设计可看到壮观山景的主卧时,设计师考虑使用中性色调。床头板上的麻布面料,拉菲亚木床头板和凯利·乔伊斯设计的纯棉床上用品,这些极富层次的纹理为房间增添了维度感。锻铁床、新古典风格床头柜都进一步提升了空间的品质。卧室以华丽的摩洛哥柏柏尔地毯为中心锚点,为客户提供了另一种空间风格,同时也反映了客户的个人风格和个性。

项目地点: 加利福尼亚州, 拉昆塔 **项目面积:** 418平方米 **完成时间:** 2015 **摄影:** 吉比恩摄影工作室

118

复古编织地毯被重新用作两个锻铁长椅
的内饰，皮革扶手椅上放着舒适的抱枕

曼哈顿公寓

德拉科 / 安德森

这间公寓位于曼哈顿新建的一座高楼内，为新颖的极简主义风格，采用了既优雅又大胆的配色方案。

公寓门口上方的雨棚使用了黑色玻璃块，拼接成超现实主义风格的图案，打造了一个引人入胜的入口。门厅墙壁和公寓承重墙都粘贴了手工皱纹布墙纸，这是一种以完全现代的手法对古典主义进行借鉴的设计。赫维·史特莱腾设计的家具以芭芭拉·塔克娜迦的天体绘画精巧地加以点缀。

远处的客厅中摆放着一个由弗雷德里克森·斯塔拉尔德设计的巨大水晶灯，在角落处闪闪发光，使得天体和大气的概念继续延续。设计师为墙壁增添了另一种星尘元素，这些"星辰"是阿尔法工作室制作的掺了云母的威尼斯哑光灰泥，在落地窗前的室内"天空"中不停闪烁。一道令人叹为观止的圆形镀金玻璃墙镶嵌在青铜框架中，将休息室与餐厅分隔开来，内部隐置了一台电视机。在超大型的乳白色餐桌上方，是委托杰夫·齐默尔曼设计的枝形吊灯，看上去像是一团闪闪发光的星群。

从公寓另一端的主卧中可以看到城市南部美丽的景观。主卧的设计如同一个梦幻般的工艺品，以白金、月光和蓝薰衣草为基本色调。墙壁上装饰着豪华的天鹅丝绒，给房间带来隐隐闪烁的光芒。窗帘也采用了相同的天鹅丝绒面料，以手工印染了金属色泽。床头倚靠着的长条形墙壁上覆盖珠光皮革内饰，旁边是萤石饰面的床头柜。床前铺着堡垒街工作室制作的巨型地毯。地毯采用金色金属线制成像月球表面一样的图案，为卧室空间增添了更多乐趣。

每间客房都拥有属于自己的个性和色调。其中一个是橄榄石和黄水晶的绿色色调，另一个则采用了淡淡的海蓝宝石色调。两间客房都采用了丰富而独特的表面材料、定制织物和墙饰，以及大胆的艺术作品。

项目地点: 纽约，曼哈顿 **项目面积:** 413平方米 **完成时间:** 2016 **摄影:** 马克·瑞卡

在超大型的乳白色餐桌上方, 是委托杰夫·齐默尔曼设计的枝形吊灯, 看上去像是一团闪闪发光的星群

主卧的设计如同一个梦幻般的工艺品，以白金、月光和蓝薰衣草为基本色调

马提斯营地度假别墅

杰米·布什+设计公司

这座独栋度假别墅位于内华达山脉的高处，是为一对年轻的夫妇而建的。客户希望将他们的现代都市感受转化为乡村风格的"汤姆·福特的小屋"，将汤姆·福特的设计精神——剪裁，充满现代感的线条、注重细节——运用到乡村环境中。

别墅位于名为"马提斯营地"的别致社区中。REN建筑事务所的建筑师辛西娅·王以大胆的方式设计了这座建筑，并打造了住宅的私人空间，使之呈现出类似于一个固定在两个石柱之间的漂浮木箱的景象。杰米·布什+设计公司负责该项目的室内设计，包括别墅的生活起居空间和整体橱柜。设计师为整栋别墅精心挑选了所有的材料：木头、石头、玻璃、黑钢、灰色橡木、漂白胡桃木、石灰石和石灰华、黑色磨光混凝土，以及黑色大理石。他们还在设计中融入了大型的玻璃窗，让位于室内的居住者能够欣赏到户外的美丽风景。

住宅中的家具仿佛是建筑烟熏色饰面的延伸。复古装饰品与纯粹的现代设计及几件定制作品和谐地填充了室内空间。乌木色的橡木、人工吹制的玻璃器具、未上漆的黄铜桌面、石化木碗都是拥有高度纹理质感的天然材料。这些精心选择的材料无不体现出别墅家居环境的"家即自然"的特性。

建筑设计: 辛西娅·王 / REN建筑事务所　项目地点: 加利福尼亚州, 特拉基　项目面积: 554平方米
完成时间: 2015　摄影: Ngoc Minh Ngo

住宅中的家具仿佛是建筑烟熏色饰面的延伸

纽约城公寓

萨尔瓦多·拉罗萨 / B5设计工作室

这间公寓位于曼哈顿下城边缘的城市公园旁边。从公寓的落地窗可以看到大片的天空和城市全景。该项目以"娱乐性"为设计目标，客厅、餐厅和公寓门口全部都汇聚到一起。在二战前纽约以及20世纪中叶巴西和阿根廷流行的大型现代主义公寓是该项目设计方案的灵感来源。

设计师并没有为公寓规划很多走廊通道，因此，从一个房间到另一个房间的流通都是通过一扇巨大的玻璃墙实现的。整体的银灰色瓷砖作为一个统一的元素，自然而然地从一个房间过渡到另一个房间。镶嵌有铂金色花纹的石膏墙壁与瓷砖地板相得益彰。白天的时候，自然光在地板与墙壁之间反射，为房间带来了活力。而在夜间，这些相同的反射表面则捕捉了灯光的温暖色调，营造出舒适的亲密感。室内以低调的颜色作为主色调，同时搭配黄色、蓝色和暖红色。深红色的漆木门很好地衬托了柔黄色调的橡木镶板墙壁和焦糖色的皮革装饰。

公寓里的大部分家具都是专门为这个空间设计的，每件作品都可以轻松地与其他元素互动，并与建筑风格密切相关。乌木餐桌配有红色珐琅夹脚椅，可定位餐厅入口和用餐区域。带有一圈座位的雕刻石灰石壁炉占据了房间的另一端。天鹅绒、棉布、丝绸和饰有金属线的珠皮呢，为整个公寓带来了舒适、丰富的感觉。

项目地点：纽约 **项目面积：**418平方米 **完成时间：**2015 **摄影：**斯科特·弗朗西斯

公寓里的大部分家具都是专门为这个空间设计的

北潘住宅

黛博拉·贝尔克合伙人建筑事务所

这座极具现代风格却又不失休闲氛围的住宅拥有天然的林地环境，满足了一个印第安纳家庭的生活愿景。

住宅东西两侧的落地玻璃墙为居住者提供了广阔的景观。开放式的起居区包括用餐空间和一架大钢琴。设计师以当地出产的松木板墙将起居空间分成了两个部分，一部分安置了壁炉，另一部分作为半开放式厨房。极具质感的蓝色瓷砖使得墙与全白色的厨房形成鲜明对比。质朴的黄铜装饰细节，如门拉和地板通风口，为材料配色增添了光彩。浅色灰石地板从内部延伸到外部的道路和露台上，进一步强调了室内与室外的连接。

这栋住宅由林德赛·阿德尔曼、墨提斯、BDDW和查得豪斯等设计师以及其他经典现代作品组合而成。温暖的木材、皮革和柔软的中性织物给这个空间带来清新而冷静的感觉。室内装饰的颜色和材料吸取了建筑和环境的优点，创建了一个以起居空间为中心的室内—室外家居环境。

项目地点：印第安纳州，印第安纳波利斯 **项目面积：**325平方米 **完成时间：**2016 **摄影：**黛博拉·贝尔克合伙人建筑事务所

锌板和红木门窗结合了浅灰色的地面铺装，都采用了温暖
而又不失现代质感的材料

麦迪逊1号

安德烈·基科斯基建筑事务所

这间面积139平方米的双卧室双浴室公寓位于32楼，可俯瞰麦迪逊广场公园，拥有豪华精致的内饰，与公寓主人的蓝筹艺术收藏品相得益彰。

设计方案重新制定了公寓的平面布局，以获取更多从东河到哈德逊以及曼哈顿北部和南部令人叹为观止的景观。同时设计师还要建立一个"博物馆品质"的空间来陈列主人的艺术藏品。目前摆放出来的艺术藏品包括美国摄影师玛里琳·明特、纽约雕塑家罗勃·维恩和伊朗艺术家席琳·奈沙特的作品。每件作品都以吸引注意力的方式放置，但不会妨碍居住者欣赏窗外的美景。

该公寓内部使用了很多缅甸柚木、雕塑青铜和巴西大理石板材的低调豪华定制家具和装饰品。宽阔板材的欧洲橡木地板也是公寓的一大特色。在起居室内，定制背光青铜架子沿着墙壁排成一排，而在厨房里，家用电器也被放置在古老的材料中。重新设计的主浴室内设有可观赏自由塔景致的大淋浴间。整个公寓的陈设都来自 Promemoria、Cecotti 和 Giorgetti 等高级品牌，并且用中性色调的 Loro Piana 面料和 Donghia 皮革进行装饰。该设计理智而高效地创造出一个充满神奇色彩的迷人居所，并能够展示艺术品和户外的美景。

项目地点: 纽约 **项目面积:** 139平方米 **完成时间:** 2015 **摄影:** 弗朗西斯·德兹科沃斯基 / OTTO摄影工作室

重新设计的主浴室内设有可观赏自由塔景致的大淋浴间

宝马山花园住宅

莎拉·伯纳德设计事务所

这座经过修复的宝马山花园住宅拥有原始的铅条玻璃窗、壁炉和吊灯，新的设计方案保留了其传统美学的特点。住宅门厅内原有的橡木楼梯被保留下来，精心修复后上面铺了专门编织的羊毛地毯，可无缝包裹楼梯板和楼梯着陆的地方。房主的古董收藏与现代复制品毫不突兀地融为一体。定制的维多利亚风格家具由洛杉矶的大师级工匠雕刻而成，整体实现了维多利亚时代的美学风格。

定制的娱乐空间与正式的客厅无缝融合，其内还隐藏了一台电视机。在主卧室里，由美国核桃木定制的加利福尼亚特大号床和床头柜，再配上带有青铜器皿的浴室，延续了家具富丽堂皇的风格。

项目地点: 加利福尼亚州, 洛杉矶 **项目面积:** 780平方米 **完成时间:** 2016 **摄影:** 史蒂芬·德瓦尔

定制的维多利亚风格家具由洛杉矶的大师级工匠雕刻而成

公园大道顶楼公寓

罗伯特·A. M. 斯特恩建筑事务所

在项目开始前，罗伯特·A. M. 斯特恩建筑事务所和 S. R. 加姆布莱尔室内设计公司刚刚合作完成了该客户位于纽约曼哈顿的一栋住宅的建筑和室内设计。这栋位于公园大道罗萨里奥·坎德拉最好的建筑之一的公寓是客户的另一处房产，夫妇二人决定继续雇用斯特恩建筑事务所来完成这栋公寓的翻新工程：为这栋 334 平方米的顶楼公寓进行翻新设计。

客户希望这栋曼哈顿公寓能够呈现出流线形的文雅美，既传统，又与众不同。该公寓的原主人是慈善家西雷斯特·巴托斯和她的建筑师丈夫阿尔曼德·菲利普·巴托斯，公寓位于原来的布鲁克·阿斯特公寓——该公寓的内部装修由著名设计师阿尔伯特·哈德利完成——楼上，公寓平面经过重新规划，重新获得原来坎德拉平面布局的优雅逻辑，并通过更新来体现客户和她的家人的当代生活风格。项目成功的关键在于体现客户的复杂品位以及她作为专业开发人员的职业生涯所贡献的经验、知识和信心。

盖里·布鲁尔和斯特恩建筑事务所的团队负责公寓的室内建筑，包括平面图规划，内部立面图、天花板顶饰、整体橱柜、门以及地板图案的设计。他们分别与客户和 S. R. 加姆布莱尔密切合作。加姆布莱尔负责公寓的室内设计，主要包括配色方案、织物家具和室内照明。

项目地点: 纽约 **项目面积:** 334平方米 **完成时间:** 2016 **摄影:** 彼得·亚伦 / OTTO摄影工作室

客户希望这栋曼哈顿公寓能够出呈现流线型的文雅美，
既传统，又与众不同

宁静的崖壁府邸

莎拉·伯纳德设计工作室

设计师为这栋宁静的崖壁住宅配备了天然材料、有机织物和手工制作的环保家具，突出了家居的自然设计意图。设计师进行了一次完整的内部检修，在整个生活空间中融入海滨灵感，创造出一座完美的海滨寓所。

起居室里有一座由莎拉·巴纳德自己设计的定制混凝土壁炉，壁炉上微妙的蚀刻线条模仿了水的流动。

定制壁灯为客厅和用餐区增添了些许雕刻趣味，而门厅和客厅手工制作的边桌为展示房主收藏的贝壳和矿物标本提供了空间。

一系列颜色鲜艳的地板垫为居住者提供了完美的客厅休闲座位。天然纤维，如羊毛和亚麻布为整栋住宅增添了一种舒适、健康的感觉。中性的色调柔和而轻盈，为整个起居空间营造出宁静的氛围。

项目地点: 加利福尼亚州, 洛杉矶 **项目面积:** 279平方米 **完成时间:** 2017 **摄影:** 史蒂芬·德瓦尔 & 查斯·梅德威

天然纤维，如羊毛和亚麻布为整栋住宅增添了
一种舒适、健康的感觉

桑德斯宅邸

里奥斯·克莱门蒂·黑尔设计工作室

该项目是 20 世纪 50 年代早期由帕尔默 & 克里塞尔建筑事务所设计的位于比佛利山庄的一栋双层住宅，新的设计增强了住宅 20 世纪中期现代室内外生活方式的特点。里奥斯·克莱门蒂·黑尔设计工作室强化了住宅弯曲的平面布局，沿着玻璃后墙将住宅内部和四周通道空间打开，以增加新的日式花园景观。起居空间和用餐空间经过重新布局后被安置在住宅中心，作为开放空间与新的户外庭院和池畔草坪相邻，同时设计师还扩大了休闲空间的规模。主人套房从原来的位置移动到住宅另一端，以扩大其规模并增加私密性。同时设计师还将套房与室外 SPA 相连。这些变化加强了住宅的室内外连接，同时扩大了住宅内的景观视野。

业主意图保留帕尔默 & 克里塞尔建筑事务所完成的设计元素，因此设计师保留了原来墙壁上粗糙的灰泥抹面，同时对新天花板原有的粗糙纹理进行了修补。新的水磨石地面上铺有大块的大理石碎片，整栋住宅地面都做了同样的处理。浴室采用了 20 世纪中期经典色调的大理石。虽然起居空间、主人套房和家庭房都面向峡谷和城市景观，但住宅的前部不失封闭性和私密性，住宅的厨房和浴室则面向上部的山坡。位于二楼的套房和家庭办公室俯瞰着较低楼层的屋顶，居住者在这里还能看到美丽的城市景观。住宅的家具仍然忠实于 20 世纪中期的风格，并结合了复古作品的特点。家居环境的配色以柔和且带纹理的白色为基础，为业主的艺术和雕塑活动创造了一个中立的背景环境。业主兼收并蓄的精美艺术品和古董加强了室内环境的绝对个人体验。

项目地点: 加利福尼亚州，比佛利山 **项目面积:** 405平方米 **完成时间:** 2016 **摄影:** 劳雷·乔雷特

住宅的家具仍然忠实于20世纪中期的风格，
并结合了复古作品的特点

银湖宅邸

DISC室内设计工作室

该住宅的灵感来自地中海沿岸地区，设计重点是对天然材料、风化的纹理和柔和的泥土色调的使用。

客户希望最终的设计方案是一栋既能经受得住时间的考验，又能采用不会影响周围山丘景观的极简的现代家具和材料（石头和瓷砖）的住宅。设计师给出的方案在复古与新式定制装潢、质朴与现代的纹理之间找到了平衡，还采用了随着时间的推移会出现铜锈的金属，打造了数个充满明亮的加利福尼亚阳光的安静房间。该住宅位于银湖水库上方，因此所有的房间都享有郁郁葱葱的山坡景色，增添了柔和的室内色彩。

DISC 室内设计工作室与客户合作用黑色陶土砖装饰了入口门厅，厨房地板则采用了玄武石，浅白色硬橡木，吧台和整体水槽采用了白色滑石，整栋住宅包括厨房和主浴室在内的台面则选择了石灰岩材料。

设计公司为整栋住宅的室内设计了手工定制的白色橡木橱柜，融合了传统的欧洲设计和现代简约的线条，除此之外，地板也采用了白橡木，同时使用了一些铸铁细节。摩洛哥瓷砖因其不完美的手工制造的质感而被用在客房浴室，并与抛光镍制成的现代壁挂式管道装置相匹配。主浴室采用了温暖的灰白色石灰岩作为地板和台面，并配以传统的青铜灯饰、壁挂式抛光镍装置和亚麻面料。厨房中安装了来自比利时的设计师乔斯·戴夫连特手工制作的照明吊灯，以及 LaCanche 品牌炉灶、Sub Zero 集成式冰箱和管道装置。在起居室里，壁炉经过重新设计，其外形被简化，形状也更加柔和，同时将天花板漆成与墙壁相匹配的颜色。空间中还融入了丝毯、照明设备和定制设计的亚麻沙发。DISC 室内设计工作室负责设计和执行定制室内装饰（沙发和定制床）以及突出家居线条的极简风格定制家具。

项目地点: 加利福尼亚州, 洛杉矶 **项目面积:** 223平方米 **完成时间:** 2016 **摄影:** D. 吉尔伯特

壁炉经过重新设计，其外形被简化，形状也更加柔和，同时将天花板漆成与墙壁相匹配的颜色

斯金纳住宅

查德·麦克菲尔设计事务所

这栋住宅由建筑师威廉姆·凯斯林于 1937 年建造，以流线形现代风格设计而闻名，是洛杉矶银湖社区保存最完好的凯斯林建筑之一。这栋三间卧室的双层住宅建在山坡上，采用典型的凯斯林传统的木质框架和灰泥结构，以达到一种近似机器制造的流线形现代主义建筑的感觉。

该项目如同修复一件艺术品，这次艰苦的翻新设计，主要目标是做出的所有改变都必须能够撤销。因此，所有原始的内部表面材料都被保留下来，只在有些地方进行了修补。橡木地板被漂白，墙壁被涂成白色，营造出一种轻盈而中性的感觉，从而将居住者的注意力集中在建筑物上。威尼斯机械百叶窗代替了已经丢失了的原百叶窗，为居住者提供隐私环境，并过滤通过住宅外墙上的钢架窗体射入的阳光。壁炉

内部用铝砖取代了上次翻新时替换的瓷砖。原来厨房的橱柜表面被剥去，然后涂漆或密封，并保留了原有的圆形图案。独特的滑动拉门以及镀铬钢和菱形楼梯都得到了修复。

设计师选择的陈设品呈现出各种纹理、色调、光泽和图案，但是在色度上又相当克制。这样的设计结果与这栋现代主义建筑实现了巧妙地互动。Berber 和 Toureg 地毯、由 Tobia & Afra Scarpa 和 VicoMagistretti 设计的 20 世纪 70 年代标志性意大利座椅、定制混合水磨石和彩色橡木圆桌、来自非洲和亚洲的古董、郁郁葱葱的绿色植物和中世纪的抽象艺术品，都唤起了生机勃勃的家居生活氛围。

项目地点: 加利福尼亚州, 洛杉矶 **项目面积:** 191平方米 **完成时间:** 2015 **摄影:** 劳拉·赫尔摄影事务所

设计师选择的陈设品呈现出各种纹理、色调、光泽和
图案，但是在色度上又相当克制

斯坦福德住宅

罗宾·克尔顿设计工作室

这栋精致的住宅对于一对夫妻来说可以生活得足够舒适，同时又设计得相当具有娱乐性。设计师采用了白色和灰色作为主题色调，同时搭配了深紫色、绿色和可爱的孔雀蓝色，确立了住宅内部充满感性的现代风格。

设计师通过在室内摆放风格各异的饰品来体现出客户对光线的偏爱。起居室内的黑色玻璃吊灯营造出迷人的氛围，Ingo Maurer 品牌带有羽毛翅膀的舌头灯具以幽默的风格让客厅焕发活力，而超大规模的抛光镍鼓罩则限定了用餐空间。

住宅内包括两个客厅，一个较为正式，另一个则比较私密。定制设计的 3 米长核桃木吧台上方设有封闭的储藏柜，上面有开放的悬臂式搁架系统，背后还有灰色的烟熏镜，增强了家庭休闲环境的潜力。墙壁上安装了画在厚木板上的花卉壁纸壁画——可以称之为艺术品，为空间增添了深度，这样的设计与吧台形成了鲜明的对比。

客户的个性体现在以中性色调为基础配以大胆的色彩选择上。设计师改变了一个床头柜的用途，将其做成一个漆面储藏室和服务箱，用来装饰客厅。客厅里摆放着一张孔雀皮椅子，而深紫色天鹅绒椅子则环绕着餐桌。从金属漆皮地毯到镀银河岩咖啡桌，再到镀铬玻璃吊灯，金属元素贯穿始终。

主卧室是一个宁静而浪漫的空间，天鹅绒床头板几乎延伸到了天花板，床脚处摆放着蒙古毛皮长椅，超大的吊灯增强了空间的豪华氛围。

厨房的永恒设计适用于大型聚会或私密的娱乐活动。从厨房空间可以直接通向户外屏蔽门廊和超大的后方庭院。庭院的朝向和功能设计旨在满足客户的需求，包括一座个人游泳池和宽敞的休息区，并配有定制的火坑。

项目地点: 得克萨斯州, 奥斯汀 **项目面积:** 331平方米 **完成时间:** 2014 **摄影:** 瑞安·福特

主卧室是一个宁静而浪漫的空间，天鹅绒床头板几乎延伸到了天花板，床脚处摆放着蒙古毛皮长椅，超大的吊灯增强了空间的豪华氛围

之字形住宅

埃德蒙兹+李建筑事务所

之字形住宅代表了埃德蒙兹＋李建筑事务所最私密的作品：这是他们自己的家。埃德蒙兹和李不仅是自己的客户，也是自己的开发商。罗伯特·埃德蒙兹和维维安·李作为亲密无间的合作伙伴，将原来的住宅平面布局完全打破，把客厅放在顶层，卧室放在低层，实现一种阁楼式的生活感觉，同时又无需牺牲对周围环境的亲密感受。住宅分为两个单元：上层是属于主人自己的空间，低层则用于对外出租。

埃德蒙兹和李在保留住宅现代外观的同时，也注重其与周围环境相互融合的感觉。该设计采用了阶梯的方式，在主楼层设置了轻微的错层和类似体育场看台般的座位，这使得建筑能够顺着山坡向下延伸，但又不会失去平衡感。

简约的建筑结构为温暖和色彩氛围的营造提供了强大的容器，精心选择的家具显得格外清新、宜人，例如温馨的木制桌子、舒适的组合沙发、精心摆放的丰富艺术品，以及体现出奢华之感的抱枕等。

厨房里摆放的结实的大理石操作台面充分显示出高端、奢华之感，与住宅其他地方预算意识更强的选择形成了对比。一道带纹路的大理石防溅墙与使用意大利 Fenix 产品制成的厨房岛形成鲜明对比：完美的不透明材质，丰富的黑色自愈纳米材料，不易划伤或留下指纹，非常适合孩子使用。地板是专门设计的白橡木，经过拉丝处理以突出质感。

最终我们得到的设计结果是一个充满凝聚力的无缝内部空间，既像现代主义建筑师所期望的那样流畅，又像家庭所期望的那样耐用。它既现代又温馨，既永恒又时尚，既空灵又脚踏实地。

建筑设计： 埃德蒙兹+李建筑事务所 **项目地点：** 加利福尼亚州, 旧金山 **项目面积：** 353平方米 **完成时间：** 2017
摄影： 乔·弗莱彻摄影工作室

道带纹路的大理石防溅墙与简单质朴的
厨房岛形成鲜明对比

坦泽尔别墅

安妮特联合室内设计工作室

坦泽尔别墅坐落在安静的宝马山花园社区。这栋独一无二的住宅内的家具充分体现出了传统与现代元素的优雅平衡。作为对他们才能的真实佐证，室内设计师安妮特与建筑师威廉·赫夫纳一起，将这栋地面建筑变成了一个宁静而隐蔽的避风港。

整栋住宅的设计理念都体现了"少即是多"，设计师安妮特为每个房间都设计了大胆而有趣的灯光照明，并从客户的大量藏品中选择了一件艺术品作为摆设。这位出生在澳大利亚的设计师对独特而不寻常的灯具的喜爱也成为她整体设计理念的一部分，她还鼓励她的客户进行尝试。正如客户所回忆的那样，"每次我们去她的办公室，安妮特都会推动我们去尝试我们从未想过的事情"。这样的尝试包括在早餐区使用雷·鲍尔设计的木条制弯曲悬挂灯、金合欢边桌，以及客卧内的落地软垫床头板，等等。

客户提出了一系列设计要求，其中一项是丰富的自然光。设计师给出的解决方案是将建筑结构拆分成更小的部分，以便每个房间都有多次暴露在外面的场地的机会。赫夫纳的设计概念中的一个关键特征便是一座中央庭院，它具有采光和通风的功能，可以分别从客厅、餐厅和家庭房进入其中。

住宅内的所有元素都要精确而有条不紊，同时呈现出有趣和轻松的感觉。在讨论新住宅的形式时，客户无法在现代和传统之间做出选择，但安妮特和赫夫纳成功地将两者合并，实现了设计愿景。

建筑设计：威廉·赫夫纳建筑事务所 **项目地点：**加利福尼亚州，宝马山花园 **项目面积：**697平方米 **完成时间：**2015 **摄影：**格雷·格劳福特

设计师安妮为每个房间都设计了大胆
而有趣的灯光照明

特哈马1号

史克坦兹设计工作室

特哈马1号住宅坐落在一座被老橡树和连绵起伏的山丘包围的小山中。这栋住宅是演员克林特·伊斯特伍德都曾经梦寐以求的卡梅尔区特哈马地产的一部分。史克坦兹设计工作室为这个位于山上的玻璃盒子融入了现代加州建筑的风格，并引入了对当代奢华纹理和形式色彩的深度解读。清新、现代的地面玻璃幕墙采用几何框架设计，并由悬臂式屋顶固定，为整栋建筑提供了半暗影带。建筑室内与室外之间实现了无缝连接，室内更是能从各个角度为居住者提供不间断的视野。

外面的卡梅尔石墙的金色影子贯穿在室内设计之中，主要体现在家居织物和内墙灰泥上。手抹灰泥内墙、再生柚木地板和杉木横梁为家居环境带来景观的色彩和纹理。轻松的感觉渗透到整栋建筑之中，提供了一种柔和之感，营造出现代设计的全新体验。

中性的内饰色调为业主的现代艺术藏品提供了补充。奢华的细节，如古董梳妆台和光滑的圆形浴缸，强化了一种自然审美之感。设计师选择的大家具体现出了豪华和自然色调，并搭配金色皮革扶手椅和大量织物制品。室内色调搭配与户外景观和谐并置，仅由一层薄薄的玻璃幕墙隔开。阳光和天空渗透了整栋住宅，无缝地流经每一个空间。

项目地点: 加利福尼亚州，卡梅尔 **项目面积:** 327平方米 **完成时间:** 2017 **摄影:** 乔·弗莱彻摄影工作室

中性的内饰色调为业主现代艺术藏品提供了补充

上东区宅邸

加博里尼·谢泼德联合设计事务所

这座占地 1300 平方米的联排别墅被设计为一个生机勃勃的空间,以增强生活和欣赏当代艺术的乐趣。设计师为客户及其家人设计了一个亲切的娱乐空间和私人飞地。随着两个额外楼层的发掘和该建筑的标志性石灰石立面的恢复,加博里尼·谢泼德联合设计事务所成功地将一栋以前空置的五层联排别墅改造成了一栋供六口之家居住的七层住宅。

该住宅采用了生机勃勃的材料搭配方案,坚持独特的审美观的同时,又为当代艺术和日常活动提供了安静的背景。设计师在二楼和三楼铺设了鸡翅木镶板,辅以灰泥的温暖色调,为居住者提供了温馨的画廊和娱乐空间。整栋住宅使用了石头、灰泥、金属、玻璃和水,形成平衡的主题,被大量白色和灰白色以及温暖的奶油色和褐色包围着。

整栋住宅的不同区域以功能的分层进行划分,由定制的 Bianco Sivec 品牌大理石楼梯支撑,将不同

的功能、材料和生活方式与独特的建筑形式相连接。私人功能区位于四楼和五楼,通过可操作的玻璃墙进行分隔,作为分区和连接的手段,以实现私密性与互动性的共存,同时又不会减少采光。一层露台为建筑带来户外元素,阳光从天窗射入,能够一直照进位于一层的生活设施。地下二层的窖池内衬大理石,营造出一种私人地下洞穴的感受,位于其内的健身房和游戏场能够满足家庭的运动需求。

该住宅的设计极具简约的现代感,包括一系列相互关联的功能空间,从室外到室内,从公共区域到私人区域,从一楼到顶层,构成一个空间连续体。在整栋住宅中,当代特色和精心的修复,同时向新式风格与传统风格致敬,使得两者相互协调,创造出了一个真正的永恒空间。

项目地点: 纽约 项目面积: 1300平方米 完成时间: 2015 摄影: 保罗·瓦克尔

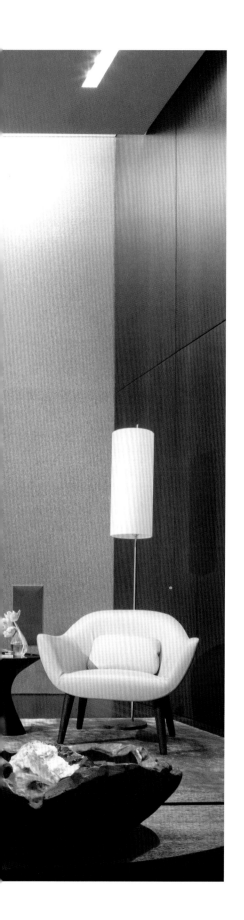

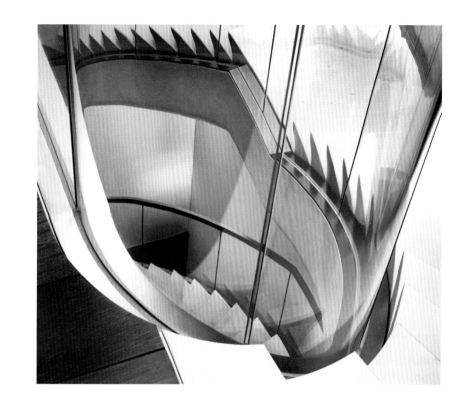

整栋住宅的不同区域以功能的分层进行划分，由定制的Bianco Sivec品牌大理石楼梯支撑，将不同的功能、材料和生活方式与独特的建筑形式相连接

上西区宅邸

格伦·吉斯勒设计事务所

这栋位于纽约的,有十间客房的公寓面向在都市郊区社区养育子女后重返都市的空巢老人。毕加索、赛·托姆布雷、布莱斯·马尔登、艾尔·赫尔德、特里·温特斯等人的艺术作品与 20 世纪中叶的景点、家具搭配在一起,具有相似的审美情调。这栋住宅融合了豪华与克制、舒适与纪律,以及装饰艺术与高级的艺术品。

在入口大厅里,毕加索的作品挂在埃塞俄比亚的雕刻木椅上方。在相邻的墙壁上,艺术家特里·温特斯的绘画作品挂在复古的托米·帕金格尔壁橱上方。设计优雅的客厅与文化氛围完美结合。一张超大的古董波斯地毯覆盖在地板上,将各种家具连接成为和谐的一体。复古的乌里奇·古列尔摩扶手椅与丹麦现代立柱桌、弗拉克·格里·维格尔椅子和赫维·施特雷腾龙卷风灯的曲线相互搭配。

在餐厅里,丰富的红色、黑檀木色和蜂蜜色和谐搭配,这一点从定制红色羊毛地毯、古老的中国樟木桌面和立体派艺术家杰奎斯·维纶在铸铁艺术家的画架上进行的水彩蚀刻作品上可见一斑。艾尔·赫尔德的一系列墨迹图被大胆地放在早餐室中,充满了现代感。独特的侧椅由伊措·帕利希设计,复古的乳白色玻璃吊灯与外露的托马斯·爱迪生灯泡则悬挂在核桃木餐桌上方。

两张宽敞的休息室沙发和牢固的中央灯具,为住宅房间带来舒适感和质朴感。康拉德·马卡·雷利的两幅镶框拼贴画是设计师为图书室引入的新元素。在主卧室,柔和的中性色调营造出温馨的休憩氛围。大型现代古铜色吊灯搭配人工吹制的玻璃地球装饰,点缀着卧室空间,而土耳其风格的弧形扶手椅则与复古的利斯帕尔落地灯相得益彰。

项目地点: 纽约 **项目面积:** 334平方米 **完成时间:** 2016 **摄影:** 格罗斯 & 达利

宽敞的休息室沙发和牢固的中央灯具, 为住宅房间带来舒
适感和质朴感

上城区中心宅邸

科特尼·毕舍普设计工作室

进入这座定制住宅之后，法国橡木地板将成为居住者在室内的向导。入口门厅兼顾了用餐和娱乐两方面的功能。两座石灰石壁炉侧面宜人的灰泥墙使壁炉周围的空间成为来访家庭和朋友们的理想聚会场所。除了主楼梯以外，厨房内还安置了与硬木地板相匹配的定制橱柜。带有雕像的大理石操作台面以及凯莉·维尔斯特勒品牌照明灯具增加了室内的即时视觉对比。厨房稍远的地方，还有一间专门为客户夫妇的孩子准备的电视间，以及一间舒适的暗色调图书室。图书室内选用了菲利普·杰弗里斯设计的几乎全黑的海草图案壁纸。

在三楼，木地板和灰泥墙元素依然延续，间歇配以宽阔的木板装饰，营造出宜人的和谐之感。儿童卧室内包括定制软垫床、床上用品和窗帘、正宗的摩洛哥地毯，以及航空风格的艺术品。一进入主卧，内部的现代感设计和宁静的氛围便会立即引起人们的注意。入口处定制设计的小房间享有查尔斯顿港的景致，还可作为通往卧房的走廊。整个空间弥漫着对比的纹理和色调：由哈波尔姐妹设计的天鹅绒软垫山核椅床、暖木床头柜、照明灯具、费瑞伦台灯，以及薇薇恩·维斯特伍德设计的极具视觉冲击力的地毯。安静的主浴室内安置了定制设计的悬浮橱柜，以配合法国橡木地板、灰泥墙壁和壁炉、波尔基尼大理石台面、加尔各答黄金瓷砖和凯利·维尔斯特勒灯具。主卧的宁静氛围通过面朝查尔斯顿港的独享门廊进一步实现。

建筑设计: 希瑟·A. 威尔逊 **项目地点:** 南卡罗来纳州, 查尔斯顿 **项目面积:** 557平方米
完成时间: 2016 **摄影:** 凯特·费德勒

入口门厅兼顾了用餐和娱乐两方面的功能。
两座石灰石壁炉侧面宜人的灰泥墙使壁炉周围的空间
成为来访家庭和朋友们的理想聚会场所

海特大街阁楼

勒齐设计公司

这间阁楼是在 20 世纪 20 年代建造的里维埃拉剧院的外围建筑中的 18 个单元之一。建筑师乔治·豪瑟于 2001 年对其进行重新设计。这间阁楼分为三层，由不同材料混合建造而成，材料包括玻璃、木材、瓷砖和混凝土。

目前，阁楼内部已经从原来杂乱的公寓变成了一个充满艺术和活力的空间；设计师敲掉了客户的中世纪家具藏品；壮观的定制吊灯装饰着高高的天花板，壁炉周围采用了当地制造的黑色瓷砖，而夹在卧室夹层之下的餐厅则被褐色和黄色的埃姆斯餐椅和华丽的吊灯赋予了温暖的感觉。

客户引以为傲的藏书室内安装了巨大的核桃木书架，并配备了 5 米高的钢梯，同时藏书室的规模还在不断扩大。设计师在钢梯下方挖出一处空间，安装了定制置物架，专门展示客户收藏的鞋子。楼下是一个内置壁橱和一间带浴缸的浴室，以及一个轻松的休息区。休息区是客户放松身心、享受安静时刻或追求个人爱好的完美空间。

项目地点: 加利福尼亚州, 旧金山 **项目面积:** 405平方米 **完成时间:** 2016 **摄影:** 玛格特·哈特福德

休息区是客户放松身心、享受安静时刻或
追求个人爱好的完美空间

华陵宅邸

马格莱特·内韦

这栋宽敞的住宅可容纳六口之家的日常生活，同时又不会牺牲精致的品质生活。客户对设计的要求是打造一个舒适家居环境的同时，还可以展示其重要的古董和当代艺术藏品。

住宅的空间规模让设计师马格莱特·内韦从欧洲家庭的宽敞舒适和格调中汲取灵感，还将适合大家庭使用的超大型家具引入设计之中。整体的自然色调搭配流行色彩，从而保持空间的轻盈度和开放度。

每个房间的设计都为了抵消六个人可以占用的视觉空间和能量。家中的用餐角落相对较小，但四周被窗户包围，还搭配了椅子，以尽量减少视觉上的冲击，让这个空间可以自由呼吸。

设计师将客户重要的比利时、瑞典和法国古董作品与当代元素相结合，使这座大型住宅通过材料的质地、室内的装潢和规模的变化实现了整体的亲密感。

项目地点: 得克萨斯州, 休斯顿 项目面积: 598平方米 完成时间: 2015 摄影: 马克斯·布尔克哈尔德

家中的用餐角落相对较小, 但四周被窗户包围,
还搭配了椅子, 以尽量减少视觉上的冲击,
让这个空间可以自由呼吸

设计师将客户重要的比利时、瑞典和法国古董作品
与当代元素相结合

黄铃宅邸

卡尼·洛根·伯克建筑事务所

这座位于杰克逊·霍尔的原本质朴的木屋被改造成一栋现代家庭住宅。翻新工程一开始是将苔藓岩石壁炉移走,并拆掉一间不太实用的主套房。设计师在清水墙壁上安装了几道暗木墙,为业主众多的艺术藏品提供了照明的孔洞和空间。原木和灰泥墙体涂上了有光泽的雪花石膏漆,为住宅新建的部分和原有结构增亮。原来宽阔的道格拉斯冷杉地板被修饰成光滑的乌木外观。

原有的石英地板被替换为火烧面石灰石和拉丝石灰石。住宅内的橱柜使用了白橡木,与石英操作台面相互匹配。

住宅外部的原木经过玻璃喷砂处理,去除了多年来因紫外线照射而退化和泛黄的清漆。然后应用低调的蓝灰色表面,延续了从室内到室外保持一致的石灰石铺路石的色调。现在,住宅的外观巧妙地跨越了乡村寓所与现代艺术画廊风格之间的界限。

项目地点: 怀俄明州, 杰克逊　**项目面积:** 427平方米　**完成时间:** 2015　**摄影:** 马修·密尔曼

原来宽阔的道格拉斯冷杉地板被修饰成光滑的乌木外观

设计公司索引

出版商尽最大努力确认了本书中所有图片的版权来源，同时欢迎版权所有者来信更正版权错误或遗漏。书中的信息和图片均由各事务所准备并提供。虽然在出版过程中已尽量确保内容的准确性，但对于书中出现的错误与遗漏等问题，出版商概不负责。